# BEI GRIN MACHT SICH IHR WISSEN BEZAHLT

- Wir veröffentlichen Ihre Hausarbeit,
  Bachelor- und Masterarbeit

- Ihr eigenes eBook und Buch -
  weltweit in allen wichtigen Shops

- Verdienen Sie an jedem Verkauf

## Jetzt bei www.GRIN.com hochladen und kostenlos publizieren

**Kristina Bergmann**

# Risikokommunikation - Verbraucherschutz, Öffentlichkeitsarbeit

GRIN Verlag

**Bibliografische Information der Deutschen Nationalbibliothek:**

Die Deutsche Bibliothek verzeichnet diese Publikation in der Deutschen National-
bibliografie; detaillierte bibliografische Daten sind im Internet über http://dnb.d-
nb.de/ abrufbar.



**Impressum:**

Copyright © 2004 GRIN Verlag GmbH
Druck und Bindung: Books on Demand GmbH, Norderstedt Germany
ISBN: 978-3-638-92529-7

**Dieses Buch bei GRIN:**

http://www.grin.com/de/e-book/63453/risikokommunikation-verbraucherschutz-
oeffentlichkeitsarbeit

**Justus-Liebig-Universität Gießen**

**Institut für Wirtschaftslehre des Haushalts und Verbrauchsforschung**


**Profilmodul BP 20:**

**Konsummuster privater Lebensformen**

**Referat**

**Thema:**

# Risikokommunikation – Verbraucherschutz, Öffentlichkeitsarbeit und eine Frage der Moral

Referentin:
**Kristina Bergmann**

Datum: 05.07.2004

# Inhaltsverzeichnis

# Risikokommunikation – Verbraucherschutz, Öffentlichkeitsarbeit und eine Frage der Moral

## 1. Begriffsdefinition

Mit dem Begriff der Risikokommunikation ist allgemein der Austausch von Informationen über Risiken gemeint. Dieser hat sich in den letzten Jahren zu einem ganz eigenen Forschungsgebiet entwickelt, was vor allen Dingen in der Ernährungswirtschaft vermehrt eine Rolle spielt, da Endverbraucher zunehmend über Qualität und Unbedenklichkeit von Lebensmitteln verunsichert sind.

Von Laien werden diese Risiken weniger als wissenschaftlich-technische Probleme, sondern vorrangig als gesellschaftlich-soziale Interessenkonflikte aufgefasst; die Betrachtung der Konsumenten ist eher emotional als rational - was verständlich ist, da Ängste im Spiel sind.

Auf diesem Grund wird eine reine Aufklärungs- und Informationspolitik oftmals nicht als hilfreich empfunden und / oder in ihrer Glaubwürdigkeit angezweifelt.

## 2. Gesellschaftlicher Wertewandel – wie wir allmählich vom Glauben abfallen

Wo liegen die Ursachen für die Verunsicherung der Verbraucher? KAFKA/ V.ALVENSLEBEN sehen als mögliche Gründe „Marktsättigung, sinkendes Grundvertrauen in gesellschaftliche Institutionen, zunehmende Entfremdung der Menschen von der Land- und Ernährungswirtschaft, Wahrnehmungsverzerrungen und Medienberichte". In einer 1998 veröffentlichten Studie konnten die beiden folgendes nachweisen: „Der Grad der Verbraucherverunsicherung korreliert negativ mit der Technikakzeptanz und positiv mit dem Umweltbewusstsein sowie mit einer allgemein pessimistischen Weltsicht." (V.ALVENSLEBEN/ KAFKA 1999, S. 57). Das Lebensmittelangebot ist von enormer Vielfalt und ständigen Produktinnovationen geprägt und wird somit für Konsumenten zunehmend unüberschaubar.

Etwa seit Beginn der 80ger Jahre hat sich ein gesellschaftlicher Wertewandel vollzogen. Der bis dahin weitgehend uneingeschränkte Glaube der Menschen an technischen Fortschritt in einer modernen Industriegesellschaft erfuhr immer wieder gehörige Dämpfer – angefangen beim GAU in Tschernobyl über die BSE-Krise bis hin zur Diskussion über gentechnisch veränderte Organismen in Nahrungsmitteln. Diese sowie zahlreiche weitere Vorfälle führten dazu, dass das Vertrauen der Verbraucher in die Glaubwürdigkeit der Anbieter stark gelitten hat.

In unserer heutigen Gesellschaft ist der Mensch ständig einem Ausmaß an Informationsdichte ausgeliefert, welches er unmöglich kognitiv verarbeiten kann. Eine logische sowie auch funktionelle menschliche Reaktion auf diesen Dauerzustand ist das Zurückgreifen auf einfache Lösungen – wie zum Beispiel bewährte Vorurteile. Wenn Vorurteile anstelle gesammelter und ausgewerteter Informationen zum Hauptbestimmungsfaktor der Meinungsbildung werden, ist das Risikobewusstsein gerade von Laien zunehmend emotional bedingt. Reißerische Berichterstattung über Lebensmittelskandale oder auch nur potentielle Risiken in den Massenmedien verstärken diese Tendenz zusätzlich.

# Durch Häufung von Lebensmittelskandalen sind Verbraucher EU-weit verunsichert

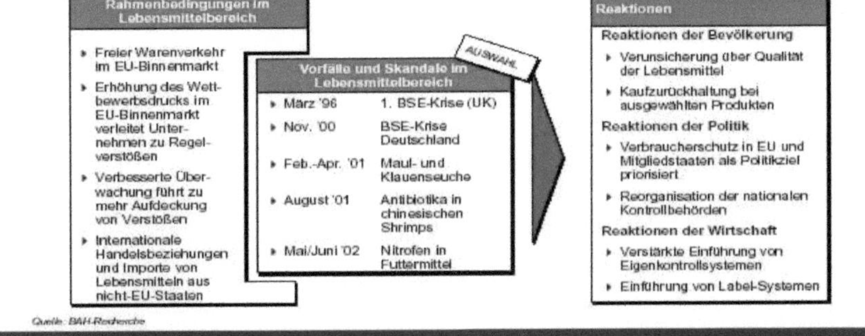



*Abb. 1: Lebensmittelskandale und Reaktionen. Quelle: www.boozallen.de*

# 3. Betroffene: wer erklärt wem die – zusehends komplexer werdende – (Konsum-)Welt?

Um auf die Problematik näher eingehen zu können, ist es notwendig, den Kommunikationsprozess näher unter die Lupe zu nehmen und die verschiedenen Interessen der Beteiligten zu erfassen.

Grundsätzlich ist jede Kommunikationswirkung abhängig von

- Kommunikationszielen,
- Kommunikator,
- Inhalt,
- Verwendetem Medium,
- Kommunikanten (Adressaten)

einer Botschaft (V.ALVENSLEBEN/ KAFKA 1999, S. 59).

## 3.1 Kommunikationsziele

Hauptziel von Verbraucheraufklärung wie auch von Unternehmenskommunikation ist grundsätzlich erst einmal eine Verhaltensbeeinflussung. Die wirkliche Verhaltensrelevanz der Verbraucherverunsicherung ist aufgrund der Zuordnungsproblematik nur schwer feststellbar.

Da Kausalitäten zwischen Kommunikation und Verhaltensänderungen nicht genau nachweisbar sind, ist es notwendig, auf Bestimmungsfaktoren menschlichen Verhaltens abzuzielen - nämlich auf Verhaltensabsichten, Einstellungen und Wissen.

Mögliche Einzelziele sind

- Die Wiedergewinnung des Verbrauchervertrauens
- Vermittlung von ernährungsphysiologischem und lebensmitteltechnologischem Basiswissen ( Auswahl von Lebensmitteln, Hygiene, Lagerung, Zubereitung )
- Erhöhung der Sympathie für die Land- und Ernährungswirtschaft und die dort tätigen Menschen
- Aus Sicht der Produzenten: Schaffung von Präferenzen für das eigene Produkt bzw. Unternehmen durch emotionale Positionierung.

## 3.2 Kommunikatoren

Damit Kommunikatoren eine Wirkung erzielen können, müssen sie der Zielgruppe vertrauenswürdig erscheinen. Die Glaubwürdigkeit wird vor allem davon bestimmt, in wessen Interesse sie agieren: " Je mehr die K. kommerziell orientiert sind bzw. Lobbyisten oder Politiker sind, desto geringer ist ihre Glaubwürdigkeit." (V.ALVENSLEBEN/ KAFKA 1999, S. 60)

Dem gegenüber genießen die anbieterunabhängigen Verbraucher- und Umweltschutz- organisationen einen wesentlichen Vertrauensvorsprung.

Besonders interessant ist, dass die Landwirte selbst Verbrauchern vertrauenswürdiger erscheinen als deren Interessenvertreter - wahrscheinlich, weil sie den Ruf genießen, hart arbeitende Praktiker zu sein.

## 3.3 Kommunikationsinhalte

Ein Test über die Akzeptanz diverser Aussagen führte zu folgendem Ergebnis: „Je mehr der Sicherheitsaspekt thematisiert wird, desto größer ist die Ablehnung der Zielpersonen, insbesondere der verunsicherten Zielpersonen. (...) Die Zielpersonen widersetzen sich dem wahrgenommenen Beeinflussungsversuch." (V.ALVENSLEBEN/ KAFKA 1999, S. 60). Aussagen wie „Deutsches Fleisch ist sicher" sind also bezüglich ihrer Zielerreichung kontraproduktiv - sie können Ängste erst schüren und wiederum die Verbraucherverunsicherung noch verstärken – allein durch die Thematisierung von risikobezogenen Inhalten. Hier stellt sich die Frage, ob solche Reaktionen nicht auch wünschenswert und erfreulich sind; zeigen sie doch, dass Verbraucher durchaus empfindlich gegenüber Manipulationen sind und Aussagen kritisch hinterfragen.

## 3.4 Medien

Für die Risikokommunikation bieten sich folgende Möglichkeiten:

- Massenkommunikation über Funk, Fernsehen und Tagespresse
- Persönliche Kommunikation mit qualifizierten Beratern
- Mehrstufige Kommunikation über Multiplikatoren – Personen oder Einrichtungen, die Informationen und Fachwissen weitergeben und verbreiten – zum Beispiel über Fachzeitschriften, Broschüren oder Internetauftritte.

Vor allen Dingen reißerischer Fernsehjournalismus trägt wiederum zur Verunsicherung der Verbraucher bei, da bewegte Bilder im TV besonders glaubhaft scheinen und so eine besonders intensive Wirkung haben. Ausgelöst durch Skandale wie BSE oder die Schweinepest, bekommen Zuschauer Bilder aus der Massentierhaltung geliefert, die schon ohne Skandal dazu geeignet sind, Entsetzen und Ablehnung hervorzurufen (DANNEBERG 2003). Dennoch ist es schwierig, via Fernsehen auch komplexere Inhalte, sprich: sachgerechte Informationen, zu verbreiten. Zudem ist ein noch so großes Desaster recht schnell vergessen, sobald die Medien nicht mehr darüber berichten. Die Nachwirkungen der Berichterstattung sind subtil, schlecht greifbar.

Persönliche Kommunikation hat sicherlich den höchsten Wirkungsgrad, wird aber von Verbrauchern selten gesucht und genutzt.

Auch die mehrstufige Kommunikation wird lediglich von den besonders interessierten Verbrauchern herangezogen, meist von jenen, die ohnehin beruflich oder ausbildungstechnisch in die Thematik involviert sind.

## 3.5 Kommunikanten – Zielgruppe Verbraucher

Die Zielgruppe ist sehr heterogen - nicht alle fühlen sich verunsichert, Vorwissen, Einstellungen und Werte variieren von Mensch zu Mensch. Eine Meinungsumfrage der GFM-GETAS/WBA GmbH zusammen mit dem Institut für Ernährungsökonomie der Bundesforschungsanstalt für Ernährung aus dem Jahr 1996 zeigte, dass sich 21,6 % der Befragten bezüglich der Lebensmittel „total verunsichert" fühlten, während nur 16,2 % angaben, gegenüber keinem Lebensmittel verunsichert zu sein. Die verbleibenden 62,2 % waren „teilweise verunsichert" (VOGT/ WEISSEN 1998, S. 541). „Verbraucher suchen Ratschläge, die wissenschaftlich abgesichert sind und sachlich sowie anbieterunabhängig informieren, damit sie sich kritisch, aber objektiv mit dem Lebensmittelangebot auseinandersetzen können.(...) Der Verbraucher soll – nach dem Prinzip "Hilfe zur Selbsthilfe" – in die Lage versetzt werden, das Lebensmittelangebot objektiv zu bewerten, (...) Lebensmittel sachgerecht zu gebrauchen, seine Rechte gegenüber dem Anbieter wahrzunehmen, ohne Angst zu genießen". (VOGT/ WEISSEN 1998, S. 542). Eine wichtige Fragestellung ist, wie der zunehmenden Entfremdung der Verbraucher von der Land- und Ernährungswirtschaft begegnet werden kann.

Die Risikowahrnehmung der Verbraucher differiert von der Wahrnehmung von Experten, die nach Möglichkeit objektiv werten sollten, und ist von verschiedenen Faktoren abhängig:

- Der Risikoquelle – anthropogen oder natürlich,
- Der Art des Risikos – ob freiwillig oder unfreiwillig bzw. bewusst oder unbewusst eingegangen,
- Der Schadensart – dem Ausmaß an Schrecken und Betroffenheit, sowie
- dem möglichen Risikomanagement - der Kontrollierbarkeit

Geht es um die generelle Akzeptanz von Risiken, so werden aus freien Stücken eingegangene Risiken - wie zum Beispiel Autofahren oder Rauchen - von Konsumenten eher heruntergespielt, während Risiken, die sich der eigenen Kontrolle weitestgehend entziehen, als bedrohlicher eingestuft werden. Dieses Phänomen stellt ein Paradoxon in der Wahrnehmung von Risiken durch die Verbraucher dar (VOGT/ WEISSEN 1998, S. 540).

Was sind nun die konkreten Befürchtungen von Verbrauchern? Laut V.ALVENSLEBEN/ KAFKA ist die Verunsicherung gerade der jüngeren Verbraucher seit Ende der 80ger Jahre wieder leicht rückläufig. Eine Studie zur Art der wahrgenommenen Risiken ergab folgende Rangfolge:

- Salmonellen in Eiern
- BSE
- Pflanzenschutzmittelrückstände
- Schweinepest
- Verdorbene Nahrungsmittel
- Hormone im Kalbfleisch
- Gentechnisch veränderte Nahrungsmittel
- Unausgewogene Ernährung
- Cholesterin
- Konservierungsstoffe

(V.ALVENSLEBEN/ KAFKA 1999, S. 57).

Hier zeigt sich, dass von den Medien immer wieder thematisierte Risiken auch präsent in den Köpfen der Konsumenten sind.

# 4. Interessenkonflikte

VOGT/ WEISSEN fordern in ihrem Aufsatz ein Umdenken seitens der Industrie - mit der
Begründung, dass es schon aus rein marketingstrategischer Sicht notwendig sei, den
Konsumenten gegenüber mit offenen Karten zu spielen. („Risikokommunikation, die
erst einsetzt, wenn eine akute Krise vorliegt, in der Hoffnung, den Schaden begren-
zen zu können, führt in den seltensten Fällen zum gewünschten Erfolg.")
(VOGT/ WEISSEN 1998, S. 544)

*Tab. 1: Vertrauensbildende Maßnahmen seitens der Industrie. Quelle: VOGT/ WEISSEN 1998, S. 544*

---

***Wie kann die Kommunikation zwischen Industrie und Verbrauchern verbessert wer-
den?***

- *Verbraucherängste auf-, an- und ernstnehmen*
- *Vorurteilen durch sachgerechte Information begegnen: proaktiv und im Vorfeld von
  Entscheidungen*
- *Keine Verschleierung von modernen Technologien: keine Nostalgieberichterstattung*
- *Schaffung von Transparenz („gläserne Produktion")/Bekenntnis zur Massenprodukti-
  on*
- *Verstärkung der Selbst- und Qualitätskontrolle*
- *Stärkere Beachtung der Verbraucherwünsche*
- *Maßnahmen zur Verbraucherinformation unterstützen*
- *Missverhältnis Werbung zu Information abbauen. Industriewerbung Lebensmittelin-
  dustrie vs staatlich geförderter Ernährungsaufklärung*
- *Förderung des Dialogs zwischen*
    - *Hersteller und Verbraucher*
    - *Hersteller und Multiplikatoren*
    - *Hersteller und Verbraucherorganisationen*
- *Kooperation mit staatlich geförderter Ernährungsaufklärung / Kommunikation
  auch unbequemer Erkenntnisse*

---

Die oben dargestellten Forderungen werfen jedoch neue Probleme auf: Die meisten Lebensmittel, die beispielsweise beworben werden, sind bis auf wenige Ausnahmen aus ernährungswissenschaftlicher Sicht keineswegs als gesund, und somit auch als risikoarm, einzustufen – sie sind in der Regel entweder sehr fetthaltig, sehr süß oder beides – von Konservierungs- und Zusatzstoffen ganz zu schweigen. Nostalgieberichterstattung hat sowieso nicht unbedingt Anspruch auf Glaub- würdigkeit, sondern soll an andere Instinkte appellieren – nur weil ein „Hanuta"-Riegel angeblich „wie hausgemacht" schmeckt, interpretieren dies Konsumenten wohl kaum dahingehend, dass dieses Produkt liebevoll in Einzelfertigung hergestellt würde.

Die meisten modernen Verbraucher sind auch wohl kaum so naiv, daran zu glauben, dass man „Nutella" wegen des hohen Vitamingehaltes präferieren solle, so wie es in TV-Werbespots dargestellt wird. Da jedoch alternative Argumente, die für den Konsum solcher Nahrungsmittel sprächen, schlicht nicht vorhanden sind, wird sich an den aktuellen Darstellungen wohl nicht viel ändern lassen. Mit offenen Karten zu spielen, würde hier ja bedeuten, von vielen Produkten abzuraten anstatt sie zu bewerben, da diese ja – zumindest langfristig gesehen – ungesund sind, auch wenn keine unmittelbare, akute Gefahr von ihnen ausgeht.

Die „vertrauensbildenden Maßnahmen" sind auch deshalb kaum umsetzbar, da zwischen Anbietern und Konsumenten ein Principal-Agenten-Verhältnis besteht – die Produzenten haben einen Informationsvorsprung, den sie tunlichst aufrecht erhalten werden, um aus diesem Vorteil Kapital zu schlagen (KÜHL 2003, S. 79).

Sehr viel eher real umsetzbar wäre diese Agenda:

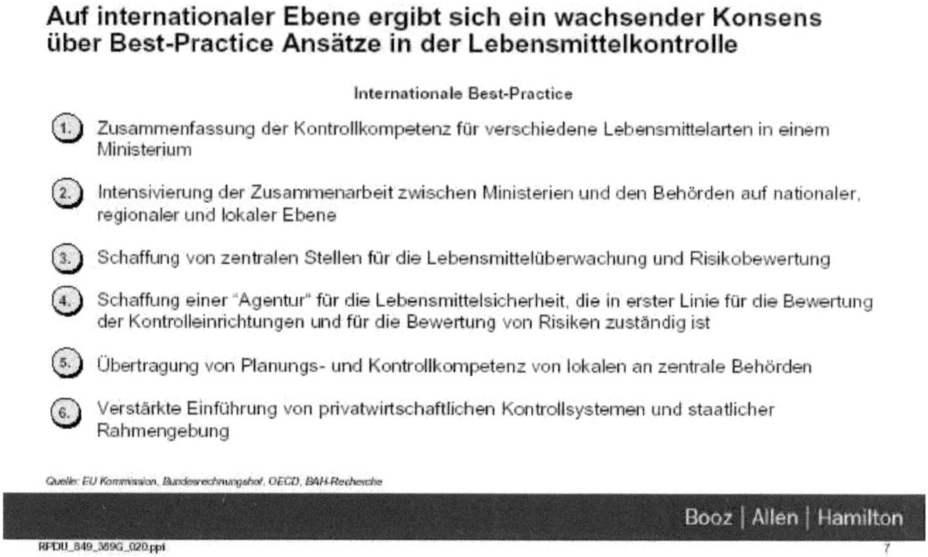

**Auf internationaler Ebene ergibt sich ein wachsender Konsens über Best-Practice Ansätze in der Lebensmittelkontrolle**



*Abb.2: Best-Practice-Ansätze in der Lebensmittelkontrolle. Quelle: www.boozallen.de*

Das Stichwort „Qualitätskontrolle" bzw. „privatwirtschaftliche Kontrollsysteme" taucht in beiden Quellen auf und ist sicherlich ein guter Ansatz, bestimmte Risiken zu minimieren.

Verhältnismäßig neutrale Informationen lassen sich auch nur aus neutralen Quellen beziehen, für die Aufklärung und Beratung Selbstzweck sind. Hier wären insbesondere

- Der Auswertungs- und Informationsdienst für Ernährung, Landwirtschaft und Forsten (aid) e.V.,
- Die Deutsche Gesellschaft für Ernährung (DGE),
- Die Bundeszentrale für gesundheitliche Aufklärung (BzgA)
- Sowie die Arbeitsgemeinschaft der Verbraucherverbände (AgV)

zu nennen.

Laut eigenen Angaben hat der aid mit seinen angebotenen Medien die „Nase vorn"
(VOGT/ WEISSEN 1998, S. 543). Da diese Erkenntnis auf eine Befragung der eigenen
Abonnenten zurückgeht, ist die Repräsentativität dieser Aussage wohl etwas zweifel-
haft.

## 5.  Zwei praktische Beispiele: Aktion „Einkaufsnetz" von Greenpeace versus „Verbraucheraufklärung" der Firma Nestlé

Als beispielhaft ist das Engagement der Umweltorganisation Greenpeace zu nennen. Durch vielfältige Aktionen und intensive Aufklärungsarbeit werden Industrie und Handel im Interesse von Verbrauchern gezielt unter Druck gesetzt. Die beeindruckende Erfolgsbilanz zum Beispiel zum Thema Gentechnik in Lebensmitteln ist bei www.greenpeace.org nachzulesen. Auf der Homepage gibt es auch einen Einkaufsratgeber der „Aktion Einkaufsnetz", in dem Unternehmen der Ernährungswirtschaft Gelegenheit gegeben wurde, zum Thema „Gentechnisch veränderte Organismen (GVO) in Lebensmitteln" Stellung zu beziehen. Die Tatsache, dass die Firma Nestlé hier auf der „roten Liste" zu finden war, war ein willkommener Anlass, auf deren Homepage weiter zu recherchieren. Hier fand sich im Gegenzug das folgende, wenig aussagende Wortgebilde:

*„Die Nestlé Deutschland AG nimmt zum Thema Gentechnik klar Stellung. Wir fordern unsere Lieferanten auf, diese Gentechnikphilosophie analog nachzuvollziehen und im eigenen Herstellprozess wie auch in bezug auf zugekaufte Rohstoffe bis hin zur landwirtschaftlichen Erzeugung bei ihren jeweiligen Lieferanten umzusetzen und das Ergebnis der Umsetzung gegenüber der Nestlé jederzeit nachweisen zu können."*

( www.nestle.de ).

Welche „Gentechnikphilosophie" genau gemeint ist, wird leider nicht verraten, was nachdenklich macht. Um diesen Link zu finden, muss man auch schon ganz gezielt den Suchbegriff „Gentechnik" in die interne Suchmaschine eingeben; ansonsten wird man zum Thema gar nicht fündig.

An anderer Stelle nimmt die Firma zum Thema Lebensmittelsicherheit Stellung und stellt den oben genannten Einkaufsratgeber als unseriös dar – Nestlé Deutschland sei, wie die Mehrzahl der Lebensmittelhersteller, auf konventionell erzeugte Rohstoffe angewiesen. Die Kontrolle über die Herkunft von Futtermitteln befinde sich außerhalb ihres Einflussbereiches. Dies erscheint nicht so ganz glaubwürdig – als hätte ein Unternehmen wie Nestlé nicht genügend Marktmacht, seine Zulieferer sehr sorgfältig zu selektieren.

Um zu zeigen, wie es auch gehen kann, ohne sich aus der Verantwortung herauszureden, hier noch die Stellungnahme der Neuhaus-Reformhäuser zum selben Thema:

*"Die Risiken, die mit gentechnologischer Produktion von Lebensmitteln für den Menschen und das Ökosystem verbunden sind, kann man derzeit kaum einschätzen. Die Maßgabe "ohne Gentechnik" zu produzieren, stellt die neuform und die Vertragswarenhersteller angesichts der weltweiten Verflechtung der Rohstoffmärkte vor eine große Herausforderung. Zusammen mit anderen Anbietern, die gentechnikfreie Produkte führen, unternimmt die Branche daher große Anstrengungen, um die Produktion sicherzustellen. Hierzu gehört beispielsweise die gezielte Unterstützung von Anbauverbänden, die ohne Gentechnik produzieren sowie die Schaffung gemeinsamer Rohstoffmärkte und Transportketten. Die neuform kann dennoch keine hundertprozentige Gentechnikfreiheit garantieren, da Verunreinigungen und Kontaminationen während Transport und allen Herstellungsschritten nicht immer zu hundert Prozent auszuschließen sind. Das neuform-Zeichen garantiert jedoch in jedem Fall, dass bei der Herstellung gezielt gentechnikfreie Rohstoffe genutzt werden."* (www.reformhaus.de )

Risiken werden zwar beim Namen genannt, aber hier in einer Form, die einen redlichen Eindruck hinterlässt, indem Ziele und Absichten, wie Risiken zu minimieren sind, deutlich gemacht werden.

## 6. Fazit

Um den hohen Anforderungen gerecht werden zu können, müsste das Thema Konsum- und Ernährungsverhalten möglichst bereits in der Schule aufgegriffen werden. Viele Verbraucher beklagen heutzutage eine Entfremdung von den Prozessen der Nahrungsmittelerzeugung, der man durch eine „Ernährungssozialisation" außerhalb der Familie begegnen könnte – angefangen bei der Klassenfahrt auf den Bauernhof mit Selbstverpflegung bis hin zur Beschäftigung mit ernährungswissenschaftlichen Inhalten im Unterricht. Solange Aufklärung nicht auch mit einem Praxisbezug verknüpft wird, wird sie nicht besonders effektiv sein, sondern eher „zum einen Ohr rein, zum anderen Ohr `raus gehen".

Das Missverhältnis von Werbung zu Information liegt in der Natur der Sache, begründet durch die unterschiedlichen Interessen und Ziele. Deswegen kann man an Marketing keine Neutralitätsansprüche stellen. Um ein Stück in diese Richtung zu gehen, müssten Anbieter altruistisch denken, was zwar bestimmt auch zur Erreichung eigennütziger Ziele beitragen könnte, aber einen vollkommen neuen Trend einleiten würde.

Neuland zu betreten kostet immer Mut, der meist rar gesät ist – und doch ist die Vision eines durch Marketing ausgelösten großen Bio-Trends vielleicht nicht unrealistisch, wenn es mit Überzeugungskraft und guten Argumenten betrieben wird.

# Literaturverzeichnis


Alvensleben, R. v. / Kafka, C. (1999): Grundprobleme der Risikokommunikation und ihre Bedeutung für die Land- und Ernährungswirtschaft. Aus: Schriften der Gesellschaft für Wirtschafts- und Sozialwissenschaften des Landbaus e.V., Bd. 35, S. 57-64

Dannenberg, A. (2003): Lebensmittelskandale, Kampagnen & Co. – ihre Auswirkungen auf das Konsum- und Essverhalten. Aus: www.vdoe.de unter „Jahrestagung 2003" (01.07.2004)

Kühl, R. (2003): Vorlesungsunterlagen zum Modul „Betriebliches Produktionsmanagement in der Ernährungswirtschaft", SS 2003, Gießen, S. 79

Vogt, M. / Weißen, E. (1998): Verbraucherschutz, Öffentlichkeitskeitsarbeit und Risiskokommunikation. Aus: Verbraucherdienst 43 – 8/98, S. 540-545

www.boozallen.de: EU-Kommission, Bundesrechnungshof, OECD, BAH-Recherche (01.07.2004)

www.greenpeace.org (01.07.2004)

www.nestle.de (01.07.2004)

www.reformhaus.de (01.07.2004)